Georges Blanchon

La Croissance du cuirassé

Étude

 Le code de la propriété intellectuelle du 1er juillet 1992 interdit en effet expressément la photocopie à usage collectif sans autorisation des ayants droit. Or, cette pratique s'est généralisée dans les établissements d'enseignement supérieur, provoquant une baisse brutale des achats de livres et de revues, au point que la possibilité même pour les auteurs de créer des œuvres nouvelles et de les faire éditer correctement est aujourd'hui menacée. En application de la loi du 11 mars 1957, il est interdit de reproduire intégralement ou partiellement le présent ouvrage, sur quelque support que ce soit, sans autorisation de l'Éditeur ou du Centre Français d'Exploitation du Droit de Copie , 20, rue Grands Augustins, 75006 Paris.

ISBN : 978-1986480512

10 9 8 7 6 5 4 3 2 1

Georges Blanchon

La Croissance du cuirassé

Étude

Table de Matières

La Croissance du cuirassé   7

La Croissance du cuirassé

Les nouveaux cuirassés qui vont être mis en chantier à Brest et à Lorient dépasseront de plus de 5 000 tonnes ceux du type précédent. Le projet établi par le ministère de la Marine comporte en effet un déplacement de 23 500 tonneaux. Tel est le gigantesque outil de guerre indispensable au maintien de notre puissance navale, telle est l'unité des plus prochaines escadres. À l'heure où nous nous sentons obligés d'en arriver à de pareilles proportions, entrent tout juste en service les six *Danton*, de 18 350 tonneaux ; un si faible intervalle de temps suffit à nous imposer un accroissement de tonnage de 27 pour 100 ! On peut se demander où nous allons, et quelles sont les raisons d'une si rapide progression.

Notons d'abord qu'elle ne représente pas un fait nouveau. En 1883, nous construisions encore des unités de ligne de 6 000 tonneaux, comme le *Vauban* et le *Duguesclin*, dits cuirassés de croisière, qui figurèrent en escadre ; l'un de nos plus remarquables bâtiments, le *Redoutable*, lancé en 1876, refondu en 1895, ne déplaçait que 9 400 tonnes. Peu après, le *Courbet* et la *Dévastation* en atteignent 10 800. On monte à 12 000 en 1884 avec le *Formidable*, à près de 13 000 avec le *Suffren* en 1899, à 15 000 avec la *Patrie* en 1905, pour aboutir aujourd'hui aux 18 350 du *Danton* et demain, nous l'avons dit, à 23 500.

À l'étranger, on nous avait donné l'exemple. Dès 1891, l'Angleterre construisait ses *Royal-Sovereign* de 14 200 tonnes, en 1902 les *King-Edward VII* de 16 500, en 1906 le *Dreadnought* officiellement de 17 900, mais en réalité plus lourd de beaucoup. Le *Lion*, qu'elle met actuellement en chantier, déplacera 26 000 ou 27 000 tonneaux. Les États-Unis, qui commençaient en 1906 le *Michigan* de 16 256, en 1907 le *Delaware* de 20 320, en 1908 l'*Utah* de 22 174, en 1909 l'*Arkansas* de 26 416, étudient un bâtiment qui atteindrait, dit-on, 30 000 tonneaux.[1] La marine italienne aurait enfin demandé, il y

[1] On télégraphiait de Washington à l'Agence Havas, le 27 février 1910 : « Dans la séance privée de la Commission de la Chambre des Affaires navales, le secrétaire pour la Marine, M. Meyer, a annoncé qu'il solliciterait l'autorisation de faire mettre en chantier en 1911 un navire cuirassé de 32 000 tonnes. Au cours de la discussion qui s'est suivie, un membre de la Commission a fait connaître que le gouvernement avait reçu une information de source non officielle, aux termes de laquelle le Japon aurait commencé déjà la construction de deux vaisseaux de guerre de 32 000

a quelques mois, à l'auteur de ses principales unités modernes, les plans d'un cuirassé de 32 000 tonnes. Et partout, sur le pourtour des Océans, les puissances les plus diverses cèdent au même entraînement. En dépit des profondeurs insuffisantes de leurs eaux littorales, comme l'Allemagne, en dépit de leurs faibles intérêts maritimes, comme l'Autriche, ou de leurs difficultés budgétaires, comme tant d'autres, elles abordent l'armement de « mastodontes » analogues. Les marines de second ordre, qui ne peuvent entretenir que peu de bateaux, les veulent grands. Celles de premier ordre, au lieu de poursuivre, par le nombre seul des unités de ligne, une supériorité compatible avec plus de souplesse dans la distribution des effectifs, cherchent à l'envi dans l'accroissement des dimensions le moyen de maintenir leur domination sur les mers.

Il faut donc croire que des motifs inéluctables poussent les marines du monde entier dans cette voie des grands déplacements. Quels sont ces motifs ? Ils n'ont pas toujours apparu dans leur évidence. Il y a quelque vingt ans, un ministre de la Marine déclarait infranchissable la limite de 12 000 tonneaux ; huit ans ne sont pas écoulés depuis qu'un de ses successeurs plaçait aux environs de 16 000 une seconde barrière imaginaire ; mais il suffisait de peu de mois pour que les faits vinssent le démentir. L'instrument de la guerre navale croît avec une persistance dont on ne peut manquer d'être frappé. Il faut nous demander pourquoi.

***

À la question ainsi posée, la réponse est complexe. L'enflure des tonnages a plusieurs causes différentes dont les effets s'ajoutent. Ces causes toutefois se rattachent les unes et les autres de quelque façon à la loi qui tend à rassembler sur le même bateau, dans la même main, au service du même coup d'œil et de la même volonté, tous les genres de supériorité navale, développés à leur plus haut degré. Une incessante aspiration à concentrer les forces, parce qu'elles se multiplient l'une l'autre par leur union, et d'autant plus qu'elle est plus étroite, accumule sur le même flotteur, sous la protection des plus épaisses cuirasses, la plus formidable artillerie, les tubes lance-torpilles les mieux abrités et les plus grandes vitesses de mer dans le plus large rayon d'action. C'est que les qualités diverses se prêtent un mutuel appui : l'intensité du feu constitue déjà une

---

tonneaux environ. »

protection, qui concourt avec le blindage à sauvegarder l'intégrité des flancs, menacés par les obus ennemis. La vitesse, les facultés giraloires, la stabilité de plate-forme se présentent comme des auxiliaires du canon, à défaut desquels celui-ci tomberait au-dessous de sa propre valeur comparative, et devrait le céder à de moins puissantes artilleries, mieux servies. Le navire est un tout : il vaut par sa richesse ; et cela lui fait une loi de cet équilibre harmonieux que partout on cherche à réaliser entre les éléments qui s'y disputent la prééminence.

Venons à ces éléments. Le grand levier de toute action militaire demeurant l'offensive, c'est en vue du canon, instrument par excellence jusqu'ici de l'offensive navale, que se détermine d'abord le matériel. La croissance du bâtiment de ligne coïncide bien en effet avec le développement récent de la grosse artillerie. Autrefois, on logeait sur un bateau deux gros canons, parfois un seul, au milieu d'un assez grand nombre de moindres pièces. Quand se répandit l'usage des tourelles doubles, contenant chacune deux canons jumelés, on fut conduit à placer quatre grosses pièces sur chaque cuirassé. Les Allemands s'en tenaient volontiers au calibre de 280 millimètres. Nous avions adopté le 305 millimètres. Tel est encore le système de nos *Danton* qui portent quatre 305 millimètres et douze 240 millimètres. Mais depuis le *Dreadnought* anglais, c'est dix ou douze 305 qu'il faut réunir sur la même plate-forme flottante. Nos nouveaux cuirassés en recevront douze. Et déjà l'Angleterre crée un canon de 343 millimètres, dont le projectile pèsera, dit-on, 588 kilos, les États-Unis en préparent un de 356 millimètres, lançant à 25 milles un obus de 635 kilos. Le poids de cette dernière bouche à feu serait de 64 tonnes ; on en pourrait installer douze semblables sur le futur cuirassé de 30 000 tonneaux. Enfin le cuirassé italien de 32 000 tonnes serait armé de pièces de 406 millimètres.

Et pourquoi encore ce grossissement des calibres et surtout ce rassemblement de batteries si formidables dans la même coque exposée à tant d'accidents de navigation ou de guerre ? Pourquoi mettre, comme on dit, tant d'œufs dans le même panier ? Parce qu'on s'est aperçu de la difficulté de régler le tir d'un calibre au moyen d'un autre calibre. Le réglage du tir, on le sait, consiste en une mesure permanente des distances au but, obtenue au moyen du canon lui-même. La gerbe de feu d'une pièce ou d'une batterie homogène se gouverne comme un jet de pompe, en relevant ou abaissant la trajectoire, par les modifications de hausse indiquées aux pointeurs suivant que la gerbe porte trop près ou trop loin. Or une gerbe de moyen calibre ne permet pas de déterminer à coup sûr la hausse à donner aux 305 millimètres, il faut donc que ces derniers, destinés à porter le plus tôt possible à l'ennemi le coup fatal, se trouvent, sur chaque navire, assez nombreux pour effectuer seuls leur réglage, ce qui nécessite un certain nombre de pièces, au moins huit ou dix. On a par suite condamné la multiplicité des calibres principaux ; on a voulu pour décider le sort du combat, une artillerie principale homogène, toute composée des plus fortes bouches à feu en service.

On admettait d'autre part, il y a vingt ans, que l'*ultima ratio* des escadres serait l'éperon ; que les forces ennemies, courant l'une sur l'autre, en viendraient rapidement aux petites distances ; et que la phase essentielle du duel d'artillerie correspondrait à la portée d'un kilomètre environ. Peu avant Tsoushima, on s'attendait encore, chez nous, à ouvrir le feu vers 3 000 mètres. Nous n'en sommes plus là. Joint au meilleur entraînement des pointeurs, le triple progrès des méthodes de visée, des vitesses de tir, et des perforations a considérablement étendu le rayon du combat. À Tsoushima, l'action décisive paraît s'être produite aux distances de 4 000 à 5 000 mètres. Avec les grandes escadres actuelles, elle commencerait sans doute aux environs de 10 000.[1]

L'origine de cet élargissement du champ de bataille fut dans l'emploi des lunettes de visée et des télémètres, qui donnent l'image et la distance du but lointain avec plus de précision que la simple vision à l'œil nu. Les Japonais, élèves de leurs alliés d'Angleterre, avaient adopté dès avant la guerre leurs appareils et leurs méthodes. L'escadre russe de Rodjestvensky prit bien au départ un certain nombre de lunettes ; mais elle manqua du temps nécessaire pour familiariser les pointeurs avec l'usage de ces instruments. Ils sont en service aujourd'hui dans toutes les marines.

Il ne suffit pas de voir, il faut atteindre. Les gros canons d'autrefois,

---

1 Les Russes ont tenté, au cours d'exercices, des tirs à 14 000 et 15 000 mètres. Ils faisaient relever les points de chute par des éclaireurs qui renseignaient l'escadre au moyen de la télégraphie sans fil.

à faibles vitesses initiales, à trajectoires peu tendues, à tir lent, à réglage insuffisant parce qu'il était obtenu pour eux par des pièces d'artillerie moyenne, n'avaient chance de toucher le but qu'à long intervalle. Le peu de densité de leur feu empêchait d'en faire ou l'arme unique ou l'arme principale d'un bateau. Les progrès de leur construction, en augmentant la justesse et la rapidité du tir, permirent au contraire de lancer avec une batterie de dix 305 une gerbe de projectiles capable de produire en quelques minutes, et presque aux limites de l'horizon, des effets foudroyants. Après les petits calibres, ces énormes pièces, à leur tour, sont devenues pièces à « tir rapide. » Elles débitent chacune plus de deux obus à la minute. On espère obtenir mieux prochainement. Ce serait déjà néanmoins, pour la bordée d'un *Utah*, par exemple, un poids total de 3 850 kilos, apportant sur la cuirasse ennemie, à 8 000 mètres et dans chaque minute, une puissance mécanique restante d'encore 100 000 tonneaux-mètres. Ajoutons-y la force destructive, de beaucoup plus considérable, développée par les obus en explosant : nous aurons un aperçu des énergies matérielles mises en jeu.

L'activité de l'artillerie moyenne, il est vrai, s'est accrue elle aussi : le même poids disponible, si on le consacrait à de moindres canons mais plus nombreux, assurerait toujours l'avantage en ce qui concerne les densités de feu totalisées. Seulement le tout n'est pas encore de toucher : il faut détruire ce qu'on touche. Les grandes distances de combat, qui font perdre au projectile, surtout au petit projectile, une part notable de sa force vive, atténuent ses effets sur les cuirasses. Et cela nous ramène obligatoirement aux plus forts calibres. S'il est, en outre, facile de multiplier les pièces moyennes sur un bateau, il faut prendre garde qu'au delà d'un certain nombre, elles se gênent : le champ de tir, c'est-à-dire l'angle de l'horizon commandé par chacune, donc son utilisation, s'en trouve diminué. À bord, les poids ne sont pas seuls limités, il y a les espaces. Pour loger beaucoup de canons, il faut les tasser les uns contre les autres le long des flancs, comme sur les anciens vaisseaux, ce qui nuit à leur rendement et, à certains égards, à leur protection. La disposition la plus avantageuse en fin de compte parut être celle qui concentre en cinq ou six tourelles seulement, tourelles doubles, cela va sans dire, les forces de l'artillerie principale.

Ces diverses considérations déterminaient les grandes marines à armer leurs nouveaux cuirassés, à l'instar du *Dreadnought*, uniquement ou principalement d'une batterie homogène du plus gros calibre usité. Les puissances secondaires se voyaient contraintes à suivre d'autant plus tôt leur exemple, que le perfectionnement des méthodes d'instruction avait fort accru l'efficacité du tir. Alors qu'à Santiago les Américains, poursuivant sans péril aucun leurs adversaires espagnols, ne mettaient au but que 1 1/4 pour 100 des coups tirés[1] et que, dans nos exercices de la même époque, le pourcentage restait aux environs de 30 pour 100, un meilleur entraînement des canonniers inauguré en Angleterre et depuis imité chez nous, donnerait, aux distances moyennes, jusqu'à 70 et même 77 pour 100.[2] Il est complété par le système dit du pointage continu, qui maintient constamment la tourelle en face du but. Dès lors, une escadre dépourvue des moyens de lutter efficacement à grandes distances, c'est-à-dire d'une grosse artillerie puissante et fortement organisée, se verrait, semble-t-il, anéantie avant d'avoir réussi à s'approcher à bonne portée.

***

Voilà donc une première obligation imposée aux cuirassés modernes : celle de porter au moins dix gros canons. En augmentant les poids, elle accroît les déplacements. De prime abord, puisqu'il faut accorder plus à l'offensive, on pensa se rattraper sur la défensive en restreignant le poids des blindages. À peu près seule, la marine française hésitait prudemment à s'engager dans cette voie. À l'étranger, on réduisait à la fois et l'étendue et l'épaisseur des cuirassements. La grande raison qu'on en donnait était qu'un trou dans la cuirasse ne devenait mortel qu'auprès de la flottaison ; et la chance était faible d'une pareille réussite. Mais le spectacle de Tsoushima, tragiquement évoqué par le commandant Séménoff, devait montrer l'effet des projectiles explosifs de gros calibre lorsqu'ils tombent sur les ponts mêmes et frappent les parties désarmées. Sous l'ouragan de feu, un bateau devient un

---

1 À Manille, l'escadre Dewey avait obtenu un rendement de 2 1/2 pour 100 et les Espagnols de Montoya, environ 3 pour 100.
2 Aux tirs effectués par notre escadre de la Méditerranée en 1909, la *Démocratie* a mis dans un but sensiblement moindre qu'elle-même, *à 6 500 mètres*, 54,4 pour 100 des coups tirés. Ce résultat, établi selon les usages de notre marine avec une entière sincérité, ne comporte assurément pas les exagérations tolérées ou volontaires dont on a pu faire parfois reproche aux statistiques de nos rivaux.

enfer. Le moindre obstacle rencontré par les obus les fait éclater comme un tonnerre, avec des gerbes de flamme, une mitraille d'éclats, un souffle délétère de gaz empoisonnés. Les cadavres s'amoncellent, déchiquetés. Les cloisons de la superstructure, les blindages légers sont déchirés, tordus en masses informes, dont les fragments font projectile et sèment la mort tout alentour ; les échelles d'acier, en se repliant, prennent des formes de roues, et les canons, sans être touchés, par la seule commotion sont arrachés de leurs affûts. En même temps s'allument partout les incendies ; dans une température de fournaise, c'est comme un dégagement de feu liquide qui inonde tout. « De mes yeux grands ouverts, dit Séménoff, je voyais, sous le choc d'un obus, jaillir d'une plaque de fer une gerbe d'étincelles ; et si la plaque n'entrait pas en fusion, toute la peinture n'en était pas moins volatilisée, laissant le métal à nu. Des objets difficilement inflammables : hamacs, bailles pleines d'eau, brûlaient instantanément d'une flamme brillante, comme des torches allumées. Même avec des verres fumés, on ne pouvait rien fixer, tant était troublée et déformée la silhouette de toute chose, par les vibrations de cette atmosphère infernale... »

Il devient indispensable, on le comprend, de protéger de sérieuse façon, non seulement la flottaison et les tourelles, mais les passages, mais le personnel réparti sur les ponts, mais les armements des pièces. Mieux qu'à Tsoushima, les obus de semi-rupture aujourd'hui réalisent les conditions de pénétration et de sensibilité suffisantes pour traverser les blindages légers et éclater derrière eux. Dans le duel entre le canon et la cuirasse, c'est le premier qui l'emporte. La pièce de 356 millimètres de la marine américaine doit perforer 30 centimètres d'acier à près de 9 000 mètres, c'est-à-dire la plus épaisse des cuirasses actuelles aux environs de la plus grande portée de combat.

***

Nous avons trouvé jusqu'ici deux raisons à l'accroissement des tonnages : l'une tient à l'artillerie, l'autre à la protection ; il en est une troisième, relative aux vitesses. En 1888, quand la marine française construisait le *Marceau*, elle se contentait de lui demander 16 nœuds au maximum. Quatre ans plus tard pour le *Brennus*, on en exigeait 17,5. En 1899, le *Suffren* n'était encore établi que pour 18 nœuds. Depuis lors, il a fallu monter jusqu'à 19. Mais le premier *Dreadnought* anglais lancé en 1906 atteint déjà 21 nœuds et le *Lion* qu'on met en chantier à Devonport dépassera, dit-on, 25. Il en serait de même du H allemand. Cette progression, qui se manifeste partout, à l'occasion des bâtiments de commerce comme des bâtiments de guerre, et mène les contre-torpilleurs jusqu'à des vitesses de 33 et même 36 nœuds aux essais, répond à des avantages militaires particuliers. En ce qui concerne les cuirassés, il est d'abord utile de ne pas laisser s'établir à leur préjudice une trop forte disproportion par rapport aux flottilles qui les poursuivent pour les torpiller ; et le motif a surtout sa valeur en considération des sous-marins, contre lesquels la meilleure défense, jusqu'ici, reste une allure assez vive pour ne pas leur permettre de joindre leur proie en plongée. Par ailleurs, il paraîtra superflu d'insister sur les bénéfices stratégiques d'une marche rapide des escadres : ils n'échapperont à personne. Mais l'intérêt tactique en est plus discuté. Point de doute néanmoins qu'en soi-même la supériorité de vitesse ne rende des services importants sur le champ de bataille, en permettant de s'assurer le choix des positions relatives.

Seulement il en faut aussi voir les inconvénients. Ils se résument en ceci, que la vitesse, tout en restant une valeur secondaire par rapport aux deux autres éléments : artillerie et protection, — et de sa nature assez fragile, — absorbe pour ses besoins une grande part des poids et de la place disponibles à bord. Au delà d'un certain point, pour gagner un nœud, il faut augmenter les puissances de machine et les consommations de charbon dans des proportions considérables. Le *Danton*, qui dépense 22 500 chevaux pour 19 nœuds 1/4, se contente de 3 260 à 10 nœuds ; et s'il pouvait donner 21 nœuds, il ne lui faudrait pas moins de 30 500 chevaux. Mais il en serait incapable, armé comme il est, faute de pouvoir et porter et loger assez de chaudières. Pour l'y rendre apte, il deviendrait nécessaire d'augmenter son déplacement, donc encore une fois sa puissance motrice. On aboutit ainsi à une différence d'au moins 10 000 à 12 000 chevaux pour le gain seulement d'un nœud et quart. Si l'on calcule en poids l'augmentation correspondante des machines, des chaudières, du charbon, du personnel, on arrive à plus de 1 000 tonnes, chiffre à tripler pour tenir compte enfin du supplément de tonnage nécessité par une coque agrandie en conséquence. Tel est le prix de la vitesse. Jointe à la force offensive et défensive, dont nous avons vu les exigences, elle définit le cuirassé moderne, et achève de fixer son déplacement entre 20 000 et 25 000 tonneaux aujourd'hui, entre 25 000 et 30 000 vraisemblablement demain. Il lui faut alors de 150 à 200 mètres et bientôt près de 250 de long, 30 à 35 de large, 8 ou 10 de tirant d'eau : le volume d'une cathédrale.

***

On s'inquiète parfois de ces dimensions gigantesques. « Comment manœuvrer de pareils monstres, les faire évoluer en escadre, les diriger pendant le combat ? » Certes, la difficulté de ses mouvements individuels, pour chaque bateau, s'accentue avec sa masse et sa longueur. S'il devait combattre seul, on aurait lieu d'hésiter devant un alourdissement qui pourrait compromettre à cet égard, et son emploi sur le champ de bataille, et par conséquent sa valeur comparative. Du moins conviendrait-il de restreindre les longueurs et de changer les formes : c'est le raisonnement qu'il eût fallu tenir, par exemple, après Lissa, quand la mêlée semblait inévitable, et que le dernier mot appartenait à l'éperon. La tactique du navire isolé tenait la première place. Pour le combat aux grandes distances, pour le duel d'artillerie, il n'en va pas de même. L'acte de guerre qui assure la maîtrise des océans n'est pas une suite de combats singuliers, mais un effort d'ensemble produit par un groupe constitué, qui doit rester inséparable, l'escadre. Une escadre forme un tout : elle représente la vraie unité tactique. Un de ses éléments importants est sa longueur totale, qui lui crée un désavantage. Il semble qu'une flotte actuellement n'abordera la lutte qu'en ligne de file, c'est-à-dire suivant une longue procession étalée sur des kilomètres. En arrivant à la portée extrême du tir, cette interminable ligne devra faire un crochet à angle droit, sur un côté, pour offrir son flanc à l'ennemi, et utiliser ainsi toute son artillerie. Pendant le temps de cette évolution, elle se présentera dans un ordre périlleux, suivant un angle, une de ses parties étant prise en enfilade par le feu ennemi et se masquant à soi-même son propre feu. C'est donc un moment critique : il importe de ne pas le prolonger. Mais sa durée dépend de l'étendue de la ligne. Déjà les cuirassés actuels, nous l'avons vu, dépassent 150 mètres de long. Ceux de demain, comme le *Lion* anglais, atteindront 200 et davantage ; et il n'est guère possible de les faire naviguer à moins de 350 à 400 mètres d'intervalle. Cela donne au total, et en pratique, sensiblement plus d'un demi-kilomètre par unité de ligne : or une flotte, une de celles qui porteraient la fortune des grandes puissances navales, peut se composer de 18 unités et s'allonger par conséquent sur une longueur de 10 kilomètres au minimum. Si l'on veut calculer le temps nécessaire à cet immense serpent pour s'infléchir de la tête à la queue, en venant tourner, unité par unité, au même point de la mer, il faut se rappeler qu'aux vitesses de navigation, entre 15 et 20 nœuds, le bateau ne couvre que de 30 à 35 kilomètres à l'heure. Il ne faudra pas moins de quinze à vingt minutes à l'armée navale pour changer de cap et prendre sa position de combat. Or, il semble bien que la phase décisive de la bataille, qui commencera dès qu'auront été atteintes les distances où le tir peut être réglé efficacement, ne durera guère plus d'un quart d'heure. Au bout de ce temps, l'un des adversaires aura décidément perdu la partie ; les dégâts causés dans ses rangs par les obus ennemis seront assez effroyables pour qu'il n'ait plus espoir d'échapper à l'anéantissement.[1] Déjà, sans doute, avant la fin de ce quart d'heure tragique, après dix, peut-être cinq minutes d'une trombe de feu, plus terrible encore que celle dont Séménoff nous a laissé la description, l'un des partis se trouvera désavantagé ; l'équilibre des résistances ou matérielles ou morales apparaîtra rompu à son détriment, au profit du vainqueur futur. On juge par là de quel prix sont les instants, et quel intérêt hors de pair prend pour un amiral la rapidité des évolutions, donc la concentration de sa ligne de bataille. À cet égard, il est singulièrement utile de rapprocher sur une même unité les forces d'artillerie qui, réparties entre deux navires de moindre tonnage, auraient occupé dans l'escadre une longueur sensiblement double.

Ce bénéfice primordial n'est pas le seul à tirer de la même disposition des puissances offensives : elle en assure un autre, relatif au groupement du tir. Le moyen de vaincre est toujours et partout le même : il consiste à se procurer en un point important

---

[1] Si trois bâtiments parviennent à concentrer leur feu sur un même vaisseau ennemi, par exemple sur le vaisseau amiral, ce qui est conforme aux précédents historiques, et peuvent l'y maintenir en plein débit, s'ils l'attaquent ainsi avec trente pièces de 305 millimètres, en admettant seulement 33 pour 100 de touchés, ils devraient en un quart d'heure le frapper de *trois cents* gros obus ! Nous négligeons ici l'artillerie moyenne, dont le concours triplerait peut-être ce nombre.

la supériorité momentanée. Vis-à-vis d'une flotte ennemie échelonnée à portée de canon, l'application directe du principe amènerait une escadre à rassembler toute la pression de son propre feu sur certains des anneaux de la chaîne adverse, pour les faire céder. On aboutirait donc à donner comme but à tous les bateaux d'une armée, ou du moins à un assez grand nombre d'entre eux, un seul navire ennemi. Malheureusement, il est alors difficile de régler en même temps le tir de deux bâtiments séparés. Ce réglage ne saurait être obtenu que par l'observation des points de chute des projectiles, et il devient presque impossible de distinguer ceux qui proviennent de chacun des bâtiments tireurs. Si ces derniers étaient non plus deux mais trois ou davantage, le réglage simultané se trouverait tout à fait impraticable. Pour être assuré de pouvoir toujours concentrer en un point le feu d'un certain nombre de canons, on n'a guère actuellement d'autre ressource que de les réunir sur le même navire.

***

Après s'être inquiété des dimensions excessives, souvent on s'effraie des dépenses exagérées qu'entraîne, dit-on, l'accroissement des tonnages. Nous remplaçons, il est vrai, les escadres formées d'unités de 12 000 tonneaux par d'autres constituées de mastodontes de 23 500. Mais, à y regarder de près, ce n'est pas proprement l'augmentation des déplacements qui doit être rendue responsable de la surcharge des budgets, c'est l'augmentation des armements, des ambitions navales ; et cette augmentation se traduirait par la mise en ligne d'un plus grand nombre de bateaux, si chacun d'eux ne représentait une force croissante. Rien n'empêcherait d'ailleurs, à l'inverse, si l'on voulait aller à l'économie, de réduire le nombre des cuirassés dans l'escadre, en même temps qu'on en augmente la masse et le prix individuels. En fait, la marine qui veut construire 100 000 tonnes d'unités de ligne a plus d'avantage à les répartir entre cinq bâtiments de 20 000 tonneaux qu'entre dix de 10 000 : la force militaire sera supérieure, et la dépense sera moindre.

C'est ce que montreraient des exemples nombreux, s'il n'était si difficile de comparer sans risque d'erreur des constructions effectuées à des époques et dans des lieux différents. Il est néanmoins un principe mis en évidence par la pratique de l'architecture navale, à savoir que le poids de coque nécessaire pour porter à la mer un navire, prend une fraction de son poids total d'autant moindre que le navire est plus grand ; elle en laisse donc une part d'autant plus forte au service des appareils militaires. Le petit bateau consacre presque toutes ses disponibilités aux seuls besoins de flotter par tous les temps et de résister aux vagues.

La cause première en est facile à montrer : c'est une propriété géométrique. Le volume d'un solide et sa surface ne varient pas tous deux dans les mêmes proportions, mais l'un comme le cube, et l'autre comme le carré d'une même dimension linéaire. Or les espaces disponibles à bord se lient évidemment au volume du navire ; il en est de même du déplacement, c'est-à-dire du volume immergé, d'où résulte le poids de l'eau que déplace le flotteur et qui équilibre sa masse, donc le poids total qu'il peut faire supporter à la mer. Tout cela croît de compagnie comme le cube du nombre dont le carré de son côté, représentant la surface de la coque, détermine le poids des tôles qui la constituent. Plus un nombre est grand, plus son cube l'emporte proportionnellement sur son carré : plus le cuirassé grandit, plus il peut donner de lui-même aux facultés militaires, meilleure est l'utilisation du tonnage et de la dépense.

Rapprochons par exemple les caractéristiques de deux cuirassés véritables, anglais tous deux, et doués de la même vitesse exactement, soit 18 nœuds 75. L'un est le *Renown*, l'autre le *Lord Nelson*. Le premier, de 12 350 tonneaux seulement, ne porte comme artillerie que quatre 254 millimètres et dix 152 millimètres, tandis que le second, avec 16 500 tonneaux, a pu recevoir quatre 305 millimètres et dix 234 millimètres. Sur celui-ci le poids total des canons seuls forme environ 3 p. 100 du déplacement, sur l'autre pas plus de 1,5 pour 100. L'utilisation, ainsi mesurée, y serait donc moitié moindre. Or le rapport des tonnages des deux bateaux est 75 pour 100. Si l'on considère non plus les bouches à feu mêmes, mais la bordée de projectiles qu'elles peuvent envoyer ensemble et la rapidité de leur tir respectif, on trouve pour le poids global de fer lancé dans une minute un peu plus de six tonnes et demie pour le *Renown*, environ douze tonnes un tiers pour le *Nelson* : et le rapport n'atteint plus que 53 pour 100. Mais les énergies conservées à 10 000 mètres par ces projectiles, et portées au but, diffèrent plus encore et toujours dans le même sens : leur proportion se rapproche de 35 pour 100. En dépit des considérations diverses qui viendraient compliquer beaucoup l'analyse, si on la voulait rigoureuse, on voit par ces chiffres de quelle nature est l'influence des dimensions sur la puissance offensive.

Soit donc un tonnage total à construire, mieux vaut au seul point de vue militaire le système des mastodontes que celui des petits paquets. La somme des poids utiles pour l'attaque et la défense en est augmentée ; le sacrifice nécessaire à la simple flottabilité se trouve moindre. La solution paraîtra plus avantageuse encore si l'on fait intervenir la considération des prix. Non seulement les petits bateaux, par tonne de déplacement, portent moins de poids disponibles, mais encore ils coûtent plus cher. En France, où la tonne de cuirassé revient à 3 032 francs, la tonne de croiseur-protégé atteint 3 244 francs, la tonne de contre-torpilleur 4 730, et celle de sous-marin 5 548. En Angleterre, les chiffres sont les suivants : cuirassés 2 380, croiseurs 2 547 ; contre-torpilleurs 3 713, sous-marins 4 355. Et par rapport à cette moyenne de 3 032 francs, établie sur l'ensemble de nos constructions cuirassées, les derniers, les plus grands de nos navires présentent une réduction notable. Le type *Patrie* avec 14 825 tonneaux, au prix total d'environ 42 millions, ne dépasse pas sensiblement 2 800 francs la tonne ; le type *Danton*, pour 18 330 tonneaux, descend à 2 620 francs l'un.

Les motifs d'ordre économique plaident si impérieusement en faveur des grands tonnages qu'on voit ces derniers en honneur aussi dans le domaine commercial, où tout se ramène aux questions d'argent. La marine de commerce a même pris les devants sur la marine de guerre. Les géants qu'elle a construits pour les records de vitesse : la *Mauretania* de 32 000 tonneaux, la *Lusitania* de 31 550, appartiennent tous deux à la compagnie Cunard et datent de quelques années déjà. Ce sont, il est vrai, deux bateaux de concurrence, destinés en quelque sorte à porter aux yeux du monde le pavillon de la navigation anglaise : il leur est permis de ne pas couvrir leurs frais. Mais la White Star Line mettait en service au même moment l'*Adriatic* de 24 541 tonnes, et le *Baltic* de 23 867 ; on trouve en Amérique le *George-Washington* de 25 570, etc., et ces bateaux, qui, eux, ne visent pas à l'extrême vitesse, comptent surtout sur les bénéfices du transport des marchandises. Enfin la même White Star Line achève deux léviathans nouveaux, destinés à prendre la mer au printemps 1911 et qui dépasseront tout ce qu'on a tenté jusqu'à présent. Ils auront nom *Olympic* et *Titanic*, déplaceront chacun, dit-on, 45 000 tonneaux et couvriront de bout en bout 305 mètres de longueur. La *Mauretania* se contentait de 232.

Au commerce comme dans la marine de guerre, le double gain réalisé sur les poids disponibles et sur les prix n'est pas le seul qui résulte des grandes dimensions ; elles comportent aussi une économie de personnel qui mérite considération. Pour faire naviguer un grand bateau, il ne faut pas un équipage beaucoup plus considérable que pour en faire naviguer un petit. Et la différence d'effectifs entre les futurs cuirassés de 23 500 tonneaux qui porteront un millier d'hommes, et les anciens cuirassés de 12 000 tonneaux qui n'en portaient que 600 à 700, tient surtout à la nécessité de servir des machines plus rapides et de plus puissantes artilleries. De même pour les états-majors. Quand on songe à l'effrayante consommation de vies humaines qui sera faite par le combat, et à l'étroite spécialisation des officiers compétents dans chaque partie du domaine militaire, on ne trouve pas sans intérêt d'économiser le plus possible de ces forces vivantes et de ces compétences, en concentrant dans les mêmes mains le plus grand nombre d'organes similaires. Cela réserve un effectif de remplacement. Un bon commandant de cuirassé, un parfait directeur de tir, un impeccable chef de section d'artillerie sont aussi précieux que difficiles à former. Il resterait toujours à craindre qu'en multipliant des postes si importants, en engageant ainsi dès le début tout son personnel de premier choix, on ne vienne à le compromettre et à l'user avant l'heure décisive. Le second choc des escadres, les armées de seconde ligne ne doivent pas non plus s'en trouver dépourvus. Inutile enfin de diviser entre plusieurs ce à quoi un seul peut suffire : l'unité d'action, au contraire, gagnera toujours à la concentration des moyens, qui réduit le nombre des concours nécessaires pour manœuvrer l'ensemble tactique.

***

Après tout, n'est-ce pas ainsi que se manifeste universellement le progrès des techniques ? À chaque étape, l'homme vaut davantage et règne sur un plus puissant ensemble de forces. À mesure que les machines font plus d'ouvrage en exigeant moins d'effort, l'habileté de l'ouvrier, du mécanicien, du spécialiste, libérée des frottements matériels, se développe et les rend capables de mettre en œuvre un plus large outillage. Leur responsabilité monte avec leur pouvoir. Bien des gens s'en sont épouvantés ; ils ont cru voir la domination de l'individu sur la matière près d'excéder les facultés de son esprit. Ils ont crié à l'impossible et tenu successivement chacune des tâches nouvelles pour supérieure aux forces humaines. Il en sera de même pour la direction et l'emploi des immenses navires de demain. On les jugera irréalisables, trop difficiles à mouvoir et à commander, jusqu'au jour où leur entrée en service en démontrera les avantages : ce n'est donc pas de là que viendront les difficultés. Mais il en peut venir d'ailleurs.

Les hommes clairvoyants ne se sont pas arrêtés à l'illusion que nous venons de signaler. Au Congrès de 1900, un ingénieur américain, M. Elmor L. Corthell, avait prédit qu'en 1948 les navires atteindraient 300 mètres de longueur et 10 mètres de tirant d'eau. Ces prévisions sont déjà dépassées pour le tirant d'eau des paquebots ; tout donne à prévoir que le terme fixé par M. Corthell sera largement devancé, même en ce qui concerne les bâtiments de guerre. Quelques années plus tard, le créateur des submersibles, M. l'ingénieur Laubeuf, engageait vainement notre marine à mettre la première en chantier des cuirassés de 25 000 tonneaux. Pour se tenir en avance sur les événements, il ne serait pas inutile aujourd'hui d'en préparer de 30 000, comme en Amérique. Sans doute ce dernier chiffre lui-même ne tardera-t-il pas à se trouver dépassé. Il est cependant des bornes, au moins momentanées, à un pareil développement de l'unité de combat. Tournant jadis en ridicule la tendance signalée par M. Laubeuf, on poussait ses conclusions à l'extrême ; on montrait une flotte réduite à un seul immense navire. L'augmentation des budgets navals dans tous les pays permet, à vrai dire, d'accroître notablement la dimension du bâtiment de ligne sans en arriver à une telle extrémité.

Mais l'accroissement des tonnages trouve pratiquement d'autres limites, d'abord dans la technique même des constructions navales, assez prudente pour ne point risquer des sauts trop brusques ni brûler des étapes, ensuite dans les conditions des ports. À des dimensions plus grandes des bateaux doivent correspondre des formes de radoub nouvelles, dont le coût est considérable, et qu'il faut longtemps pour édifier. Les bassins à flot, eux-mêmes, deviennent trop étroits pour les grandes longueurs, trop peu profonds pour les grands tirants d'eau. Nous avons vu que le *Lion* anglais doit mesurer 210 mètres de long ; la *Mauretania*, qui en compte 232, cale 11^m,30. Car la stabilité oblige à une certaine proportion des formes. Les grands cuirassés allemands ayant jusqu'à 29 mètres de large ne peuvent franchir le canal de Kiel, limité primitivement à 22 mètres de largeur et 9 mètres de profondeur. On va l'élargir à 44, le creuser à 11 et sans doute bientôt à 14. À Suez, on s'organise pour les bateaux de 12 mètres de tirant d'eau. Le port de New-York en fait autant. Déjà l'*Arkansas* américain obligeait à retoucher les plans du canal de Panama pour le porter de 30 à 33 mètres. On s'arrête enfin pour ce dernier à 35^m,53, juste suffisants pour le cuirassé de 30 000 tonnes en projet.

Toutes ces difficultés peuvent retarder le mouvement vers les grands tonnages : elles ne sont pas de nature à le borner définitivement. Car il n'y a là que des questions d'argent, de la nature de celles auxquelles toutes les puissances maritimes ont toujours dû faire face. Les conditions géographiques favorables présentées par ses côtes n'eussent pas suffi à la grandeur navale et commerciale de l'Angleterre : il y fallait encore de séculaires efforts d'aménagement, la construction de vastes bassins, l'approfondissement des ports naturels. Un exemple vient de nous en être donné à Douvres où cent millions ont été dépensés en quelques années. À Hambourg seul plus de 300, peut-être de 350 millions furent mis en œuvre depuis cinquante ans ; le Brésil, avec les travaux en cours, en aura consacré 600 à ses grands ports, la République Argentine 460 à Buenos-Ayres depuis 1885. Au total, les 20 ports principaux du Royaume-Uni ont reçu en quarante ans environ 2 milliards et demi pour leurs améliorations. Partout l'industrie, même l'industrie militaire, accroît son efficacité par l'accumulation d'énormes capitaux fixes. Et rien ne s'oppose matériellement aux travaux nécessaires pour gagner, soit sur la terre, soit sur les rades, les espaces réclamés par les flottes de l'avenir, si pesantes soient-elles.

***

Une autre objection porte sur le principe même du cuirassé. Sa raison d'être la plus évidente est dans la prééminence du canon sur tous les autres éléments du problème naval. On peut envisager une époque où cette royauté, tout indiscutable qu'elle apparaisse encore aujourd'hui, prendra fin par l'effet de progrès nouveaux. Le canon semble approcher de sa portée extrême utilisable. Le combat commence et se décide à 8 000, peut-être 10 000 mètres ; on tire sur un ennemi presque à l'horizon,[1] en tout cas malaisément discernable. Bien que le progrès de l'éclairage et des instruments de visée puisse en étendre encore le champ, on aperçoit le terme au delà duquel on ne pourra plus tirer faute de voir. Quand on y sera parvenu, le canon aura complètement réalisé tout ce qu'on saurait attendre de sa grande supériorité, qui consiste à frapper de loin. Et c'est alors que le perfectionnement des armes qui le concurrencent trouvera chance de rétablir l'équilibre en leur faveur.

La principale d'entre elles est la torpille automobile. Il n'y a pas longtemps que sa portée officielle ne dépassait guère 400 mètres. Elle-même restait d'ailleurs soumise à tant d'irrégularités, si lente, si imprécise dans sa trajectoire, que les torpilleurs ne se tenaient assurés de toucher le but qu'en s'approchant à moins de 100 mètres. Mais depuis quelques années, la torpille a beaucoup gagné. En fixant sa trajectoire au moyen du gyroscope, qui l'empêche de dévier, en ajoutant à sa machine un réchauffeur d'air, en augmentant ses dimensions, on l'a rendue redoutable à 1 000 ou 1 500 mètres d'abord, puis à 2 ou 3 kilomètres, en attendant qu'on en soit à 5 ou 6, comme on l'annonce déjà pour un avenir tout prochain. À ces distances, le tir reste forcément assez aléatoire, du fait que le projectile flottant ne les parcourt qu'en quelques minutes. Sa vitesse extrême ne dépasse guère 40 nœuds, c'est-à-dire un peu plus d'un kilomètre par minute ; en moyenne, il fait moins encore. Entre le départ de la torpille et son arrivée, le but a donc eu le temps de se déplacer. Le pointeur peut bien tenir compte, dans une certaine mesure, de ce déplacement prévu ; mais s'il fallait toucher, comme avec l'obus, à 10 000 mètres, on doit supposer que le tir en deviendrait singulièrement plus incertain.[2]

À ce défaut, des correctifs sont proposés. Les ondes hertziennes,

---

[1] Leur poids et les nécessités de leur protection limitent la hauteur où l'on peut situer les blockhaus. En admettant que leur plate-forme ne dépasse guère une altitude de 8 mètres au-dessus de la flottaison, l'horizon de l'observateur, qui regarde du haut d'une dizaine de mètres, serait à environ 11 kilomètres sur la mer.

[2] On annonçait néanmoins dernièrement que la marine italienne, coutumière des initiatives sensationnelles, étudiait un projet de grand navire cuirassé, armé de torpilles seulement. Il aurait porté une trentaine de tubes de lancement.

qui rendirent possible la télégraphie sans fil, nous mettront sans doute bientôt à même de diriger sans contact un flotteur mobile comme la torpille. Les expériences récentes donnent à croire à certains qu'on est à la veille de résoudre le problème. Toutefois, à défaut de contact, il est alors indispensable de suivre par la vue le minuscule bateau porteur d'explosif, afin de le tourner sans cesse vers son but. Aisée aux petites distances, la chose devient plus difficile de loin. Et les marques trop apparentes, qui la faciliteraient, désigneraient aussi l'appareil au feu de l'artillerie légère ennemie.

Le jour où la torpille se montrerait d'un emploi réellement efficace aux mêmes distances extrêmes que le canon, le cuirassé se trouverait donc, en haute mer, aussi exposé à ses atteintes qu'il peut l'être aujourd'hui dans les passages étroits, particulièrement dangereux. Il n'est pas fatal cependant qu'il fût encore à sa merci. Les mêmes problèmes de pénétration, qui se sont posés pour l'obus, auraient à se poser pour la torpille. Il a fallu réaliser un projectile qui pénétrât au delà des défenses du navire pour éclater derrière elles. Contre l'explosion sous-marine, il est aussi des systèmes de protection. D'abord, les filets métalliques (dits filets Bullivant) qu'on immerge lorsque le navire est dans les rades ; ensuite les boucliers fixes installés comme sur le *Césarewitch* et le *Danton*, en avant de la vraie résistance de coque. Quelles que soient les difficultés d'arrêter, assez loin des œuvres vives, un engin comme la torpille, on peut supposer que le cuirassé trouverait encore dans son énormité même les ressources appropriées. Contre le sous-marin déjà la vitesse est une sauvegarde ; on entrevoit aussi la possibilité d'une surveillance exercée de haut, soit dans les mâtures, soit au moyen du ballon ou du cerf-volant. Quand on s'élève en effet assez au-dessus des vagues et qu'on regarde la surface de la mer perpendiculairement, on peut apercevoir et suivre les sous-marins en plongée, à la profondeur où ils naviguent d'ordinaire. Contre les torpilleurs, d'autre part, la vitesse encore, l'éloignement prudent des côtes, l'appui des flottilles de destroyers constituent une assurance préalable qui paraît actuellement suffisante dans la généralité des cas. Le cuirassé enfin se défend lui-même, tant du moins que les destructions du combat d'escadre n'ont pas trop diminué les moyens d'action de l'artillerie légère à tir rapide. Ainsi la torpille, portée par des bâtiments spéciaux, peut être mise hors de cause. Lorsqu'il faudra se défendre de celle que lancent au besoin les grands bâtiments, on cherchera, et sans doute trouvera-t-on des dispositifs protecteurs. Mais ne sera-ce pas nécessairement au prix d'une surcharge de poids et d'un encombrement nouveau, qui feront aux unités de cette époque une loi des énormes déplacements, plus formidables encore que ceux d'aujourd'hui ?

***

Les inventions du génie humain permettent de transporter de plus en plus vite, de plus en plus loin sur la mer, et jusqu'auprès des côtes, des forteresses approvisionnées de ressources croissantes pour l'attaque et pour la défense. Toutes les armes s'y accumulent, sans limite, pourrait-on dire. Le progrès des bouches à feu, en étendant la portée de leurs atteintes mortelles accroît obligatoirement la distance du combat décisif : il faut bien frapper avant d'être frappé, c'est-à-dire déjà presque à l'horizon. Ce mouvement d'écartement continuera tant que l'obus accentuera son avantage sur la cuirasse. Mais, à vrai dire, la balance entre eux dépend de conditions dernières surtout économiques. L'énormité des canons, celle des bateaux qui les portent, celle des cuirassements qui les protègent, celle des bassins préparés dans les ports et des approvisionnements nécessaires, ne sont pratiquement bornées que par la richesse des budgets navals. Il serait aujourd'hui possible, à coups de millions, de construire et de mettre en mer des monstres de dimensions incomparablement supérieures, sur tous les points, à ce qu'on ose à peine rêver pour un avenir encore lointain. Et si pareille folie se trouvait tout à coup réalisée par deux puissances adverses, bravant la ruine, c'est probablement la considération de dépense relative, ou accessoirement celle de temps, qui détermineraient l'importance donnée à l'artillerie par rapport à la protection. Mais au cas où ces léviathans ennemis apparaîtraient sur l'Océan couverts d'une carapace impénétrable au feu de l'artillerie correspondante, on peut supposer qu'un tel luxe de cuirassements comporterait aussi les défenses suffisantes pour mettre le navire à l'abri des atteintes venues de petits bâtiments, à tous égards moins redoutables que les adversaires de grande taille. Et dans ce cas encore, ce serait donc par suite au cuirassé qu'appartiendrait le dernier mot. Lui seul pourrait triompher de lui-même. L'œuvre de destruction que l'obus ne saurait plus accomplir serait demandée à l'éperon. Que le canon persiste à vaincre la cuirasse ou soit vaincu par elle, les grands déplacements ne s'imposeraient pas moins.

À suivre ces déductions, il semble que le cuirassé, ce géant, ne soit qu'à son enfance, et vraiment une chose insignifiante au prix de ce qu'il deviendra. Son image colossale monte comme une menace, pour qui surtout réfléchit à ce qu'il nous en doit coûter. Plus que les canons et les forts, ne sera-ce pas là demain, dans sa réalité matérielle, l'idole véritable de la guerre, dévoratrice des millions épargnés par le travail humain !... D'un œil hostile ou favorable, n'importe, nous le voyons grandir par la force des choses, sans discerner encore le terme de son évolution fatale, sans prévoir ce qu'il sera, une fois adulte.

ISBN : 978-1986480512

www.ingramcontent.com/pod-product-compliance
Lightning Source LLC
Chambersburg PA
CBHW071001220526
45471CB00007B/3123